建筑名家名作精选系列

约瑟夫·路易斯·塞特
Josep Lluís Sert

[西] H KLICZKOWSKI 编
蔡松坚 译

中国建筑工业出版社

约瑟夫·路易斯·塞特
Josep Lluís Sert

著作权合同登记图字：01-2003-8669 号

图书在版编目（CIP）数据

约瑟夫·路易斯·塞特/[西] H KLICZKOWSKI 编；
蔡松坚译.—北京：中国建筑工业出版社，2005
（建筑名家名作精选系列）
ISBN 7-112-07298-0

Ⅰ.约... Ⅱ.①西...②蔡... Ⅲ.建筑设计－作品集－西班牙－现代 Ⅳ.TU206

中国版本图书馆 CIP 数据核字(2005)第 025037 号

Copyright © H Kliczkowski-Onlybook, S.L.
Chinese translation copyright © 2005 by China Architecture & Building Press
All right reserved
Josep Lluís Sert /H KLICZKOWSKI
本书由西班牙 Loft 出版社正式授权我社在中国翻译、出版、发行本书中文版

责任编辑：丁洪良　戚琳琳
责任设计：孙　梅
责任校对：刘　梅　孙　爽

建筑名家名作精选系列
约瑟夫·路易斯·塞特
[西]H KLICZKOWSKI 编
蔡松坚 译
＊
中国建筑工业出版社出版、发行（北京西郊百万庄）
新　华　书　店　经　销
北京嘉泰利德制版公司制作
北京华联印刷有限公司印刷
＊
开本：889×1194 毫米　1/32　印张：2 1/2　字数：120 千字
2005 年 6 月第一版　2005 年 6 月第一次印刷
定价：25.00 元
ISBN 7-112-07298-0
　　　（13252）

版权所有　翻印必究
如有印装质量问题，可寄本社退换
（邮政编码 100037）
本社网址：http://www.china-abp.com.cn
网上书店：http://www.china-building.com.cn

目 录

6　简介

8　哈佛大学霍利奥克中心

14　梅特基金会

22　已婚学生公寓

28　波士顿大学中央校园

42　在蓬塔马丁内特的住宅

54　哈佛大学科学中心

60　琼·米罗基金会当代艺术研究中心

70　琼·米罗画室

78　本书所介绍项目方位图

79　作品年表

简 介

约瑟夫·路易斯·塞特(1902-1983年)出生于一个与艺术界有着密切关系的富裕的加泰罗尼亚家庭。这些使塞特从童年时代就与艺术家们发生了接触，从此奠定了一个趋于对美学和哲学问题进行抽象思维的基础。当他开始攻读建筑学专业时，这个基础便成为了他取之不尽的思想源泉。

在巴塞罗那大学的学习开始之际，塞特去了巴黎。在那里，他与勒·柯布西耶和皮埃尔·让纳雷(Pierre Jeanneret)进行了紧密的合作。也正是在这一时期，年轻的塞特第一次与毕加索、米罗、考尔德等艺术家进行长时间的对话，探讨了艺术、建筑以及其他学科之间的共通之处。当时的行业惯例是把一个建筑项目委托给一位有名望的艺术家，而塞特却成功地把设计过程发展为一种协同作业，强调业主、建筑师和艺术家的共同参与。

勒·柯布西耶对塞特的影响清晰地重新诠释了地中海式建筑的特点：遮阳百叶——作为墙体的一种新活力，建筑物被视为自身的反映，室内变成了一个休息和内省的地方——简而言之，一种西班牙天井式房屋。塞特在剑桥自己的住宅、在古巴的总统宫殿、在伊拉克的美国大使馆、在西班牙马略卡帕尔马(Palma de Mallorca)的琼·米罗画室、在巴塞罗那的米罗基金会以及在法国圣保罗德文斯的梅特基金会，这些建筑物都是体现上述概念的典范之作。

在塞特发展的建筑学理念里，光的处理是另一个基本要素。装配在他作品上的大窗，例如那些在米罗基金会或在波士顿大学学院图书馆上的，都具有鲜明的个性，它们捕获了天然光线，并进行间接的反射，然后再漫射到建筑物的内部。

塞特拥有强烈的进取心，积极地参与了几乎每一届的现代建筑联盟大会(CIAM)。他甚至被选举为第八届现代建筑联盟大会的主席。这些会议的主题通常是围绕城市开发和重建的。由于在20世纪的上半叶欧洲曾遭到两次战争的洗礼，这个课题就显得越来越重要了。

1945年，当时的塞特已经在纽约确立了自己的地位，与保罗·莱斯特·维纳(Paul Lester Wiener)和保罗·舒尔兹(Paul Schultz)组建了城镇规划联合事务所(the Town Planning Associates)，承接了许多南美洲城市的发展规划方面的委任。但在那里，他们却面对着与美国完全不同的社会特点：极限、贫穷和气候。他们在巴西的西达德·多斯·莫托斯(Cidade dos Motores)和秘鲁的钦博特(Chimbote)完成了一些项目，运用了新的方法来使城市结构适应环境的要求，从而超越了那些主张普遍化建筑的现代城市主义信条。他们按照麦德林(Medellín)和波哥大(Bogotá)的官方规划以及哈瓦那的试验性规划来进行。在栖居城市摩天高楼的15年中，塞特结交了许多艺术家朋友，其中包括了蒙德里安(Mondrian，1872-1944年，荷兰画家，对抽象艺术的发展曾经产生过深刻的影响)、杜尚(Duchamp，1887-1968年，法裔美籍现代派艺术家，纽约城达达主义运动领袖)、马森(Masson)、马克斯·厄恩斯特(Max Ernst，1891-1976年，出生于德国的艺术家，达达主义和超现实主义的创始人)和坦圭(Tanguy，1900-1955年，法裔美国超现实主义画家)。

1953年，路易斯·塞特被提名为哈佛大学设计研究生院院长，代替了沃尔特·格罗皮乌斯(Walter Gropius,1883-1969年，德裔美国建筑师，包豪斯建筑学派创始人)，并同时出任该大学建筑系的系主任。不过，他并没有放弃在纽约事务所的工作。从这个时期开始，有的任命是来自哈佛大学和波士顿大学的；其他的是一些像纽约的罗斯福岛(Roosevelt Island)和河景工程(Riverview)等大型项目。1954年，他前往马萨诸塞州的剑桥，与赫森·杰克逊一起创立了塞特-杰克逊及其联合事务所(Sert, Jackson & Associates)。

在20世纪70年代中期，塞特回到了西班牙。他首先在马略卡帕尔马为自己的密友琼·米罗设计了画室，之后，又完成了梅特基金会和米罗基金会等项目。伊维萨是一座曾经在20世纪30年代充满了创造灵感的城市。在那里，塞特留下了蓬塔马丁内特住宅，这是他最具代表性的作品之一。

哈佛大学霍利奥克中心

这座综合建筑处于哈佛大学主校园与学生宿舍之间的一个战略位置上。如此特殊的选址更有利于疏导这两个区域大部分的行人交通。这个中心占据了霍利奥克街与邓斯特街(Dunster Street)之间沿马萨诸塞大道的整片街区，它的兴建取代了在此基础上原有的20多座建筑物。整个建造过程分为两期：第一期在1962年竣工，第二期在1966年。这是一座拥有诸多功能的综合体，包括底层的一个大商场和上层众多的大学管理部门。另外，大学的医疗中心也分布在霍利奥克中心内。

底层设有信息中心、一家银行、一间新闻办公室、20间商店和一所大学公共医疗卫生服务药房。美术品陈列室的一端是一个小花园，而另一端则是一个用砖铺成的广场。广场的桌子上有棋盘，可以供人在树阴下下棋。

用塞特自己的话来描述："这座建筑物是用现浇的混凝土支柱和井式楼板构建而成的。灰色预制混凝土填充镶板与透明和半透明玻璃，形成了一个既节省能源又易于在室内容纳不同间隔安排的系统……室内构架的色彩十分鲜艳，而墙面的处理则强调出这座建筑物的独特风格。陈设和装置都是按照业主的要求度身设计的，在显要位置上，阳光可以透过天窗倾泻到建筑物的内部。"

在最近所完成的一项翻修工程中，商场需要采用玻璃来封闭，以防止气流的形成；照明系统也被现代化了。如今，这里拥有许多的餐厅、展览艺术品的空间、商店和大学相关资料的查询点。它成为了哈佛的来访者最梦寐以求的聚会点之一。

建筑师：塞特-杰克逊及其联合事务所
位置：美国，马萨诸塞州、剑桥，哈佛大学校园内
面积：309407平方英尺
建造时间：1958-1966年
摄影：迈克尔·汉密尔顿(Michael Hamilton)

标准层平面图

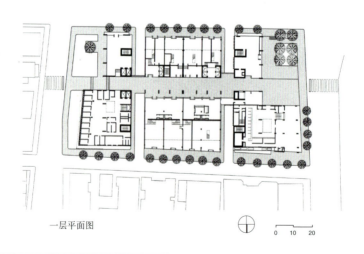

一层平面图

这个建筑项目虽然体量庞大，它的空间却始终保持着一种人性化的尺度。底层的商业区设有各种不同的空间，使这座建筑物成为了哈佛大学的学生和剑桥的居民最常去的社交和娱乐中心。塞特还曾经为建筑物的外围环境、路面、花坛以及在基地四周所应栽种的花草树木草拟过设计图。

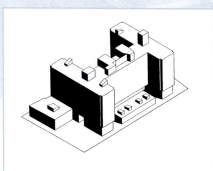

透视图

哈佛大学霍利奥克中心

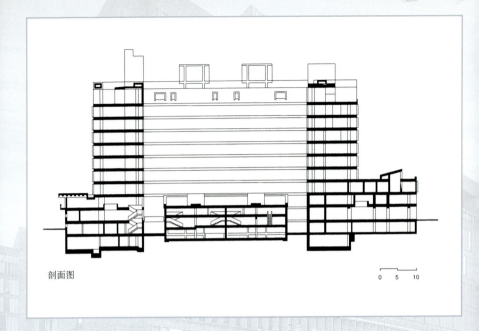

剖面图　　　　　　　　　0　5　10

梅特基金会

　　玛格丽特与艾梅·梅特基金会(The Margueritte and Aimé Maeght Foundation)的诞生就意味着应对一个力图把所有造型艺术容纳于一座建筑物之内的挑战。梅特所代表的一些艺术家是塞特在巴黎所认识的老朋友，这个工程就成为了一个把20世纪30年代他们在咖啡馆里对话中所探讨的一些想法付诸于实践的机会。

　　在松树繁茂的山上，得天独厚的气候和绝无仅有的景致，促使阿尔卑斯山脉和安提卑斯顶峰(the Cap d'Antibes)在这片户外空间中扮演了一个非常重要的角色。

　　此项目从一开始就放弃了为了追求奇特效果而采用的独立式结构概念，而选择了一种与环境有着更加协调和紧密关系的方案：空间与体量被巧妙地联系起来，如同它们在一个小城镇里一样。不仅花园，就连内院也只被安排在为展示而专门预设的位置上。那些基金会所代表的艺术家们，在自己所贡献的作品中已经考虑到这些分区，因此，一种紧密的联系也就在他们最初的构思中建立起来了。

　　归纳起来，整个综合体就是一系列被户外广场和小道串接起来的不同的建筑物。在这里，除了一座附属小教堂和一间管理员的房子之外，三个组件担当着非常主要的角色。最大的一座建筑位于东区(包括一个在近期扩充的拥有600席位的礼堂)，它只有一层的高度，借助斜坡的水平差异形成了两层楼面，被用来作为乔治斯·布拉克(Georges Braque,1882-1963年，法国画家，立体派的主要倡导者和理论家)、琼·米罗(Joan Miró)、马克·夏加尔(Marc Chagall,1887-1985年，俄裔画家)、瓦斯利·康定斯基(Vassily Kandinsky,1866-1944年，俄国抽象派画家)等艺术家的作品的永久性美术陈列室。同时，它还容纳了一个临时性展出的画廊。间接采光处理主要依靠大型天窗来完成。这些元素也把韵律和比例融入了作品之中。一个前厅为这个画廊和另一座采用巨大的倒转拱结构来形成屋顶的建筑提供了分界面。

　　这一座4层的建筑物包括一个可兼作会议和展览之用的大厅和一个图书馆。它位于西面的入口，并在此充当着整座综合体不同部分的视觉隔离物。最后，基金会会长的住宅位于西边，采用毛石墙建成。这种墙体处理与此综合建筑中的其他墙面是一样的。

合作者：贝利尼(Bellini)、利泽罗(Lizero)、戈齐(Gozzi)
位置：法国，圣保罗德文斯(Saint-Paul-de-Vence)
建造时间：1959-1964 年
摄影：罗杰·卡萨斯(Roger Casas)

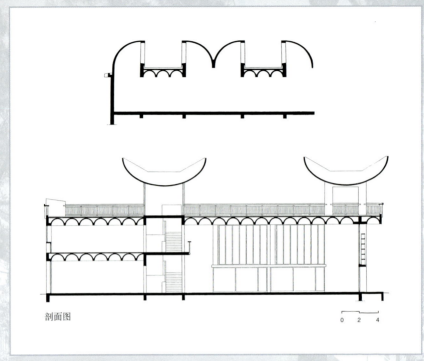

剖面图

梅特基金会

一层平面图

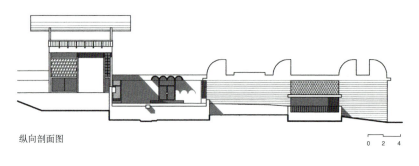

纵向剖面图

已婚学生公寓

哈佛大学校方当局认为,作为教学过程中的一部分,有必要在主校园附近的地点上使学生和教职员工的课外活动在一个不断变化的交流环境中结合起来。这个为已婚学生而兴建的公寓项目正是出于这种需要。它的设计前提就是在住户之间促进彼此的沟通和一种具有稳定向心力的团队精神。为了达到这种效果,建筑师力求使此综合体与作为社区公共活动场地的户外花园和广场形成共同的界面。

这些建筑物被称为皮博迪排屋(Peabody Terrace),坐落于查尔斯河岸边,包括几栋3层、5层和7层的楼房和停车场。在空间比例上,每一座房屋都与周围的环境保持着协调的关系。它们基本上是中等高度的英王乔治时期风格的建筑,而这一点也被指定为适用于学生宿舍的标准。为了尽量地利用空间和达到每公顷203户密度的目标,设计方案确定了3座线条清晰的、高度为22层的塔楼,并精心地使每一座与一组现有的楼群联系起来。

交通体系从步行广场开始。这是整片建筑群的脊柱:除了作为附近地区其他部分与河的联结之外,它也促进了预期的社区空间和每一座建筑物入口的发展。

塔楼和其他的建筑物都拥有一个独立的交通体系,即各自的电梯、楼梯和门厅。但为了与团队整合的概念保持一致,每一座大楼的顶层还用天桥形成联系,这就是构成整个项目基础的混合体得以运作的原因。

为了有效地控制成本,建筑师设计了一个由6户相连的公寓组成的、每三个楼层用走廊联系起来的基本模块,从而使建筑所需的组件得以批量地复制。这个系统被用在大楼和塔楼上。增加或减少组件,不仅可以产生出不同的户型,而且还能够实现高度、空间属性、窗户配列和通道的多样化。

合作者:塞特、杰克逊和古尔利
位置:美国,马萨诸塞州,剑桥,哈佛大学
建造时间:1962-1964年
摄影:迈克尔·汉密尔顿

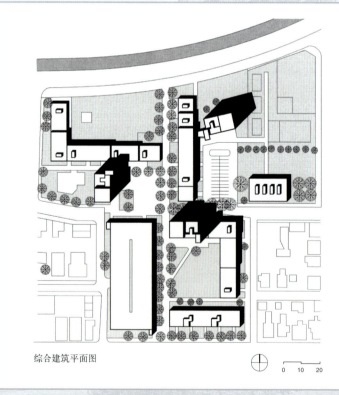

综合建筑平面图

0 10 20

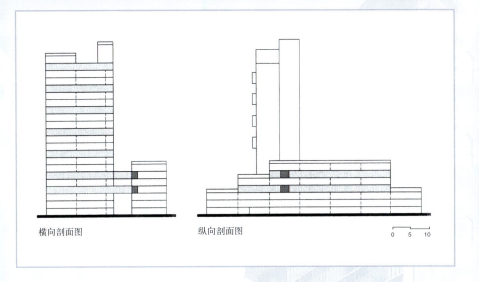

横向剖面图　　　　纵向剖面图　　　　　　　0　5　10

三层平面模块透视图

已婚学生公寓

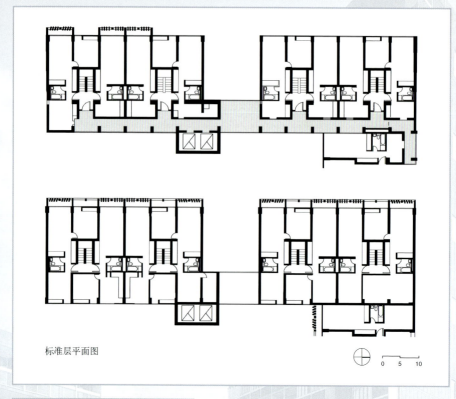

标准层平面图

0 5 10

精心设计的户外创造出宜人的空间,以便于人们在那里开展并享受社区活动。所有的平台不仅出入便利,而且经过园林式的绿化处理。

波士顿大学中央校园

当波士顿大学决定了要将所有的系都集中于一个中央校园时,选址就确定在波士顿城市中心查尔斯河岸的一片土地上。这里的空间绝对的狭小,所以只有设计一个密度极大的综合体才能合乎要求。

人口密度的问题通过兴建一座高耸的塔楼得以解决。同时,整体的方向也被确定为朝向河流,以尽量地利用基地的美丽风景。

委托内容包括规划一个学生中心、米加图书馆(Mugar Library)、法律系和教育系。在高高的塔楼旁边,一座与之相连的中等高度的建筑物容纳了法律系图书馆和礼堂。所有新结构和现存建筑由于彼此的接近和规模,均被视为同一综合体的组成部分。这些建筑物的布局中包括了多个户外广场和一大片作为新旧建筑物共同界面的中央空地。

每一座建筑物都被设计为城市整体中的一部分。没有任何一栋大楼会被看作是在以独立的形体来标榜自身的。但如果建筑物被孤立在一个更大的基地上,中间有着巨大的间距,体量和纹理就不再如此。

学生中心面向东北方向,它的最顶层带有飞檐。两个安装着空调和机械设备的高塔带来了垂直感,从而打破了与地平线平行的长线条。在天气情况允许的时候,中央天井可供使用,而这也延伸了室内支柱之间的空间,使之成为展示雕塑的地方。就其本身而论,这里就是学生中心的神经。

米加图书馆的表现手法与学生中心相似。不同的是,这座建筑物被转向了,并从中央广场往后退缩。

矗立的法律系和相配的教育系大楼俯视着整个工程项目。在第六层设有一片2层高的阶梯式座位区。在满布突出组件的塔楼立面上,这个巨大的空间以无窗的表面和一种风格上的改变来表达自己。

法律系图书馆和礼堂处于最低的位置,建筑物在第三层用道桥与塔楼联系起来。

合作者:霍伊尔、多兰和贝里(Hoyle, Doran and Berry)、埃德温·T·斯蒂菲安(Edwin T. Steffian)

位置:美国,马萨诸塞州,波士顿
建造时间:1963-1966年
摄影:迈克尔·汉密尔顿

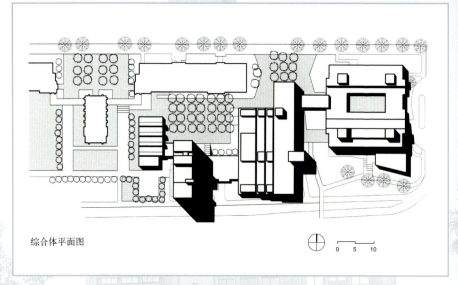

综合体平面图

0 5 10

在法律系和教育系的塔楼里,以混凝土为外墙表面的教室没有设置窗户,办公室和会议室通过正方形的窗口来获取天然光线。而容纳图书馆和礼堂的建筑物则拥有一个天窗系统,把光线均匀地漫射到室内。

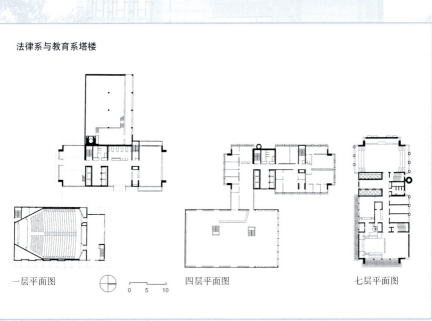

法律系与教育系塔楼

一层平面图　　　　　四层平面图　　　　　七层平面图

0　5　10

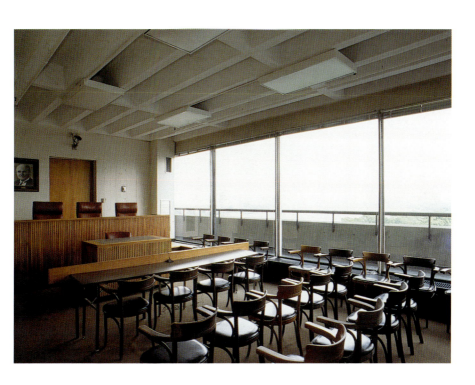

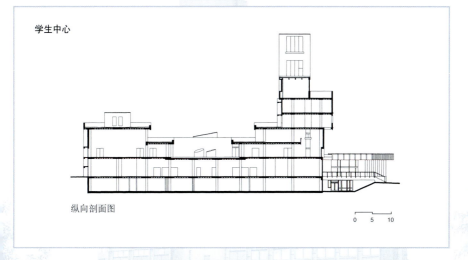

学生中心

纵向剖面图

0　5　10

波士顿大学中央校园　■　35

学生中心包括了大学所有的服务项目：餐室、会议室、教室、教职员室，甚至小型商务。其中的一个重要目标就是要创造一座开放的建筑物，与周围的环境保持非常紧密的联系。因此，食堂或展览室这一类的空间可以直接通往中央天井。当天气良好时，那里就变成一个非常繁忙的聚会点。

学生中心

平面图

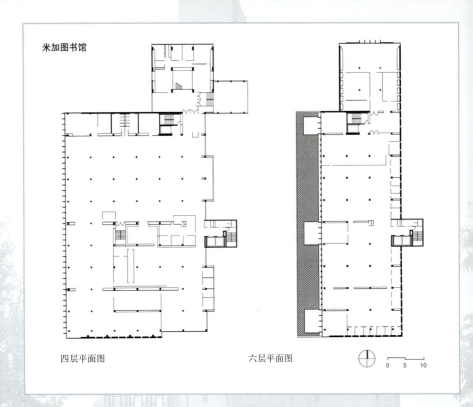

米加图书馆

四层平面图　　　　六层平面图

米加图书馆竣工于1966年，它可以容纳150万册书籍和2300名读者。读者可以使用不同的阅览室。这里创造出不同风格的空间，有的宽敞明亮，并配有舒适的扶手椅子供阅读之用；有的则比较私密，在那里学习的读者可以免受噪声的干扰。

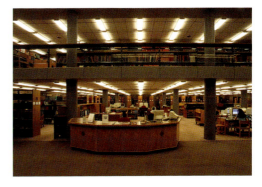

Houses in Punta Martinet

在蓬塔马丁内特的住宅

蓬塔马丁内特的城市化是在一个山坡上进行的,人们在那里可以眺望美丽的伊维萨湾。整体设计是塞特在1965-1968年间完成的,共由9间住宅组成。由于这些房屋是为不同的家庭而建造的,建筑师构思的初步设计就既要满足每一位业主的具体需求,又要符合基地本身的地形。

为了最大限度地利用基地周围不断变化的景致,建筑结构在连接上遵循了地貌中的斜坡线条。坡度间的差异形成了独特的天井和平台,从而构成了室内外的过渡空间。一种标准尺寸系统的采用和某些外墙建筑元素的重复使用,在所有建筑物中建立起一种视觉上的联系,即使在分布上它们有所不同。运用这种特殊的风格来形成住宅的共同界面,不仅是因为在住户之间没有分隔墙,也因为毛石墙的碎石产自本岛。这样一来,得到的效果就是使整体形如一个小市镇,其中的住宅直接地传承一种流行于该地区的地中海式建筑风格。每一座房子都是可以拼成整体的一部分;反之,这个整体又是通过一种统一的造型语言发展而成的。

为了减弱这片地中海地区强烈光线所带来的影响,除了平台和露台之外,窗口的尺寸都比一般的更小。在凉棚的顶上安装固定的实木托架,不仅创造出一个凉爽宜人的环境,还带来了光与影相互作用的效果。

合作者:格尔曼·罗德里格斯·阿里亚斯(Germán Rodríguez Arias)、曼纽尔·方特(Manuel Font)、约安坎·方特(Joaquín Font)

位置:西班牙,巴利阿里群岛(Balearic Islands),伊维萨

建造时间:1968年

摄影:佩尔·普拉内尔利斯(Pere Planells)

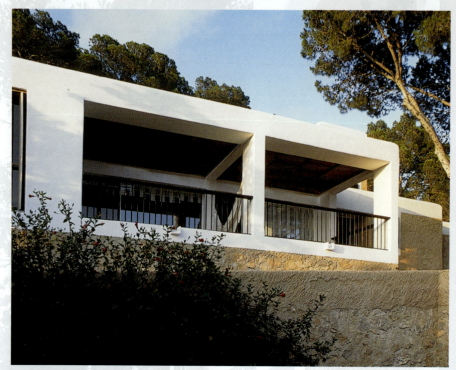

位置图

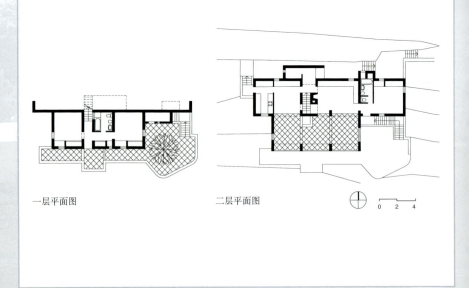

弗朗西斯克·塞特(Francesc Sert)的住宅

一层平面图　　　二层平面图

弗朗西斯克·塞特的住宅具有一个与地形坡度相互平行的布局。在房子的底层，白天使用的房间和平台被安排在南边，通道在北边。卧室位于第二层。在这里，就像在其他的蓬塔马丁内特的住宅中一样，绝大部分的家具都是用石料制成的。

弗朗西斯克·塞特的住宅

横向剖面图

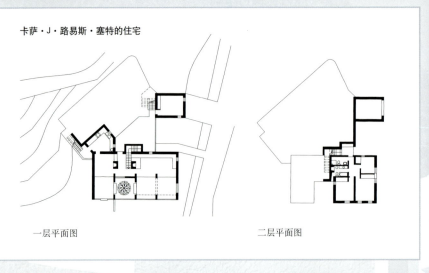

一层平面图　　　　二层平面图

塞特把蓬塔马丁内特住宅群中的一间作为自己的私人住所。它包括一系列围绕着一个游泳池而分布的体量。这个游泳池位于其所在的山坡上的最高点，房子向着海面完全敞开。

半地下室平面图

48 ■ 在蓬塔马丁内特的住宅

这栋住宅主要由两个部分组合而成。一是带有两个开间和两个平台的平房,二是包含两个卧室的复式房子。为了保留这一地区的某些传统元素,塞特把一个旧的储水池改为游泳池。立面的颜色由当地典型的白色涂料和赭色色调混合而成——这是把建筑物融入风景之中的另一种方式。

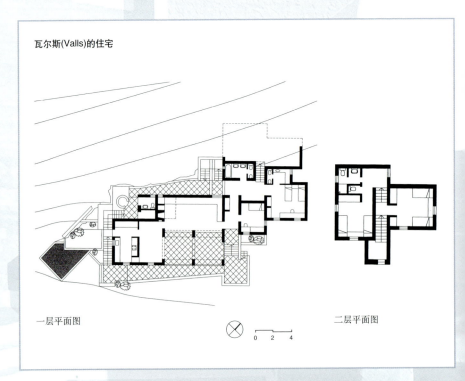

瓦尔斯(Valls)的住宅

一层平面图　　　　　　　　　二层平面图

在蓬塔马丁内特的住宅

戈米斯(Gomis)的住宅

纵向剖面图

一层平面图

0 2 4

戈米斯的住宅是围绕着一个天井来布局的。天井的两边各有一道楼梯。在地形最高点上,卧室和它们相应的服务区被安排在一块长方形的表面上。在楼下,对应的地方被用作两间白天用房、起居室和附带厨房的餐室。餐室还包括一个宽大的平台。

朱塔(Jatta)的住宅

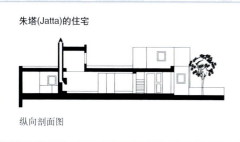

纵向剖面图

平台的扩充被发展为室内空间的合理延伸。它是一个设有防护的地方,不仅遮挡了烈日的照射,而且可以让人在此欣赏到海湾美丽的景色。另外,平台的设置也保护了餐室的大窗户,使之免受太阳的强烈辐射。这个平台在一个角落里封闭成一个独立的空间,以确保住户的私密性。在壁炉的旁边,一个天窗为起居室提供了充足的采光。

朱塔的住宅

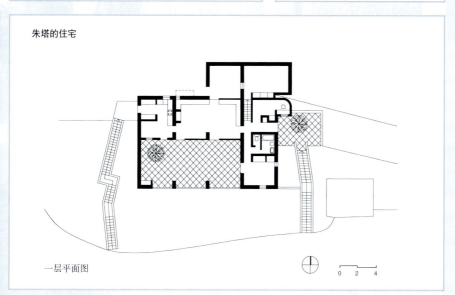

一层平面图

0 2 4

哈佛大学科学中心

这是哈佛大学体量最大的一栋建筑物。它的面积是299775平方英尺，高度是145.28英尺，侧翼最长的长度是400英尺。9层楼面和半地下室设立了可容纳800多名学生的各种实验室和可提供500个席位的5间会议室。

这个中心的设计是为了容纳生物、地理、化学、物理和数学等系以及它们各自的教室和研讨室。除此之外，它还包括卡伯特科学图书馆和一个自助餐厅。这座综合建筑位于南北校园之间多条人行道的交汇处，而这些人行道又构成了其内部交通的主体。

建筑师：塞特-杰克逊及其联合事务所
位置：美国，马萨诸塞州，剑桥
建造时间：1970-1972年
摄影：迈克尔·汉密尔顿

实验室所在的6层长方形建筑物与另一座往后移的建筑物形成了一个T字形整体。西面是带有半月形平面的礼堂，而东面则是两座较矮的楼房，内有图书馆、教室和办公室。这些建筑物形成了一个庭院，自助餐厅就设在其中。

礼堂的屋顶悬挂在外露的巨大钢制桁梁之上。那座往后移的建筑物大概是整个结构中最具特色的，它越往上升高，楼层平面就越小。天文学系位于顶层，设有大型的圆顶天文台。

建筑物的框架采用预应力混凝土结构。它的设计是为了便于快速拆除。长长的6层基本组件为绝大多数校园住户提供了空调设施，主机被安装在地下室和第七层。

在综合体的东南边有一道地下走廊，使这一地区与大学的北边形成联系。北边是多数理科大楼聚集的地方。这条走廊也有助于减少车辆与行人在交通上的冲突，并以园林式的区域把建筑物围绕起来。

塞特-杰克逊及其联合事务所因为这座建筑物而赢得了一项美国建筑学会大奖。

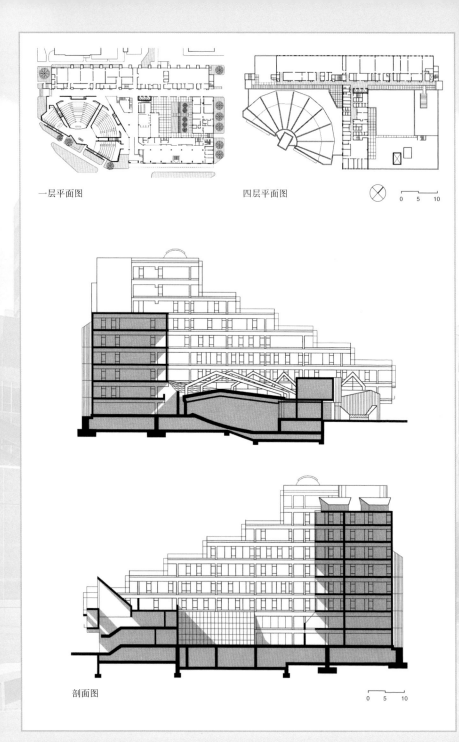

一层平面图　　　四层平面图

剖面图

■ 哈佛大学科学中心

琼·米罗基金会当代艺术研究中心

米罗基金会是为了宣扬艺术家琼·米罗的作品而设计的。米罗把自己大部分的作品都捐赠给了巴塞罗那市。另一个目的是在轮流交换的基础上,为其他艺术家的作品提供长期展览的空间。除此之外,这个机构还支持一个向研究人员和年轻艺术家开放的研究中心。

这座综合建筑坐落于蒙特朱伊克(Montjuïc)山上,拥有一个得天独厚的位置,俯视着巴塞罗那美丽的城市风光。它还包括一个朝西的花园。

建筑物的布局围绕着三个庭院来安排。弧形石料做成的大天窗,形如潜望镜一般,创造出一种审美上的韵律和比例。周围有一些通道与这些庭院平行,赋予了展览空间某种连续性。

通向基金会底层的是一条与其中一个庭院连接的坡道。第二条坡道与惟一拥有2层高度的雕塑陈列室平行,通向二层。第二层面积比底层略小,伸向一个兼作雕塑庭院和阳台的平台。从平台上看,天窗也仿佛变成了把全景框起来的雕塑小品。

主楼与另一座八角形平面的行政管理大楼相连。它包括了一个图书馆、一个档案库和一个礼堂。通过一个垂直的交通体系,它既与综合体的其余部分取得了沟通,又维持八角形建筑的独立性。

这个基金会的人体尺度是通过元素的重复和未作饰面处理的混凝土的质感创造出来的。一个标准组件系统的运用带给整座建筑物一种内在的视觉次序。

1988年,这个基金会综合体被塞特的合作者若姆·弗雷克萨·I·雅诺里兹(Jaume Freixa i Janáriz),以一种十分恭敬的介入方式进行了扩建。

建筑师:塞特-杰克逊及其联合事务所
合作者:J·扎列斯基(J.Zalewski)、若姆·弗雷克萨·I·雅诺里兹(扩建部分)
位置:西班牙,巴塞罗那
建造时间:1975年
摄影:费朗·弗雷克萨(Ferran Freixa)、若尔迪·米拉勒(Jordi Miralles)

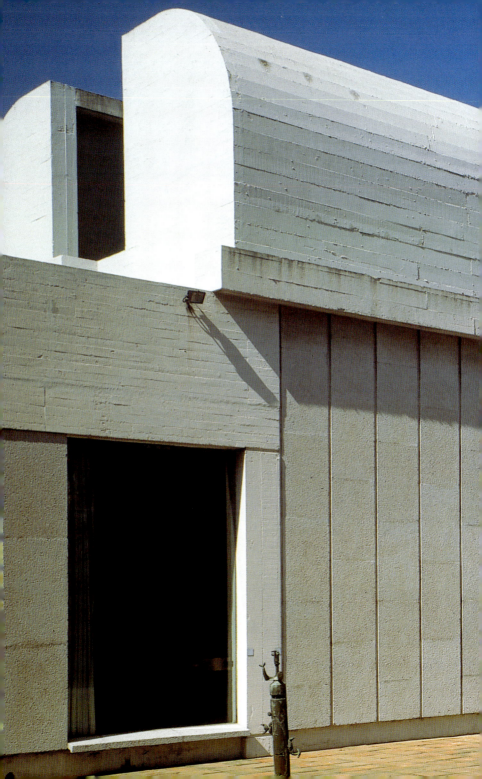

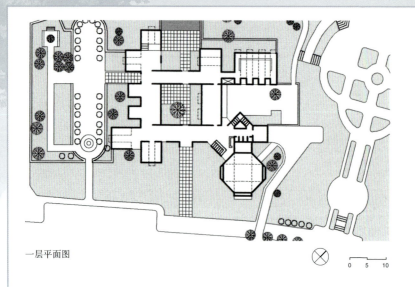

一层平面图

0 5 10

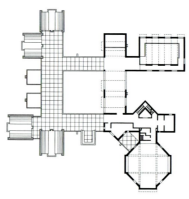

二层平面图

扩建部分的平面草图

> 建筑物的外墙用一种连续的支撑组件构成，以便于展示艺术作品。参观者不必重返原路。

琼·米罗基金会当代艺术研究中心

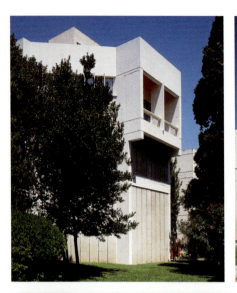

通往二层的坡道可被解读为雕塑陈列室的自然延伸,它有助于参观者从不同角度来观赏展品。

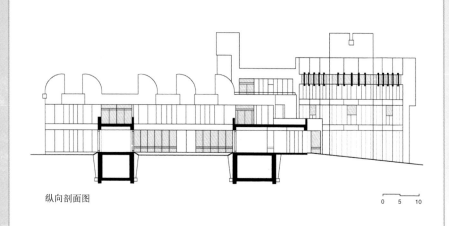

纵向剖面图

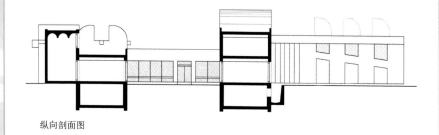

纵向剖面图

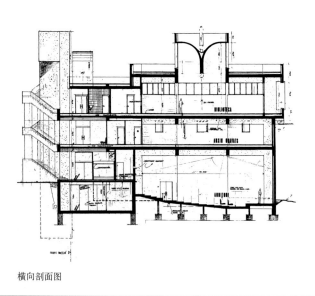

横向剖面图

琼·米罗基金会当代艺术研究中心

琼·米罗画室

琼·米罗在马略卡帕尔马购置了一间旧农舍。这间农舍位于一个带有梯田的山坡上。它属于这一带地中海地区所特有的房子类型，矮墙是用粗切的毛石不加砂浆砌成的。角豆树、松树和杏树围绕在它的周围。梯田的各个平台被石梯联系起来，而石梯也采用了砌墙的方法。这种建造系统见证了这个地区石匠们的高超技术。

作为米罗画室的新建筑，坐落在这块地的两个平台上。上层平台的一堵弧形高墙围成了一个庭院。庭院的地面以各种不同的板石铺成了嵌花图案。这个画室分为两个楼层，与两个平台相互对应。因此，从主作品陈列室的角度看过去，雕塑作品庭院与阁楼处在不同的层面上。这座建筑物可以从三个不同的层面进入，因为屋顶上还有一条通道在雕塑庭院的上方爬升而上，通往平台。

底层包括一间小办公室、一间储藏室和画室。储藏室的顶棚有2层的高度，以便收藏大幅的油画作品。在这个房间入口的左边，一间较小的房间向一个有顶的平台敞开，这里储放着这位画家收集的民俗物品、旧唱片和一些书籍。画室的顶棚也很高，它朝北的一扇大窗户开向屋后的雕塑庭院。

阁楼也朝向画室，它是供制造印刷品时使用的：平版画、铜版画或雕版画。窗户对着海景，远处的群岛尽收眼底。

整座建筑物几乎都是用混凝土建造而成的。而由于用以浇注混凝土的木质模板使用了大量的铆钉来加固，白色饰面呈现出一片粗糙的纹理。

合作者： 安东尼奥·奥乔亚(Antonio Ochoa,结构计算)、昂立克·朱科萨(Enric Juncosa,工程监理)
位置： 西班牙，马略卡帕尔马
建造时间： 1975年
摄影： 琼·雷蒙·博内(Joan Ramon Bonet)、迪耶泰·博尔克(Dieter Bork)、阿尔克西·德马特热斯·凡达西奥·皮拉·琼·米罗(Arxiu d'matges Fundació Pilar i Joan Miró)(马略卡)、佩尔·普拉内尔利斯(Pere Planells)

琼·米罗画室

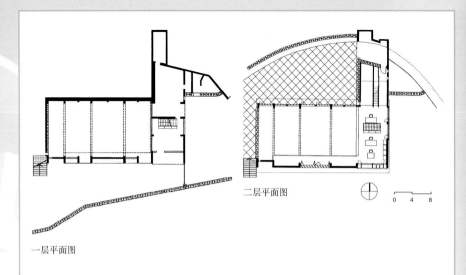

一层平面图　　二层平面图

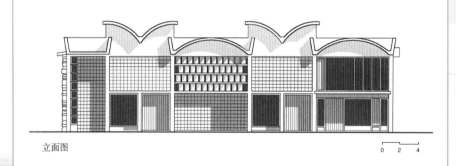

立面图

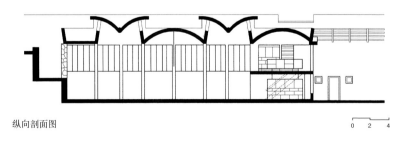

纵向剖面图

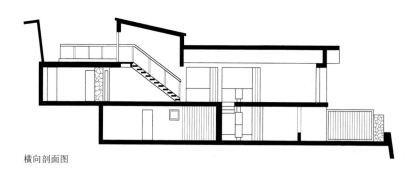

横向剖面图

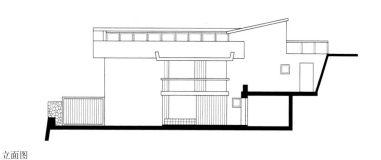

立面图

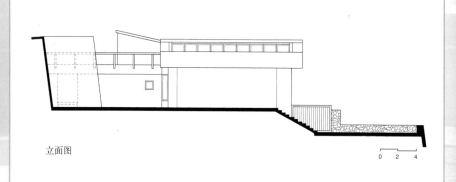

立面图

本书所介绍
项目方位图

哈佛大学霍利奥克中心

美国，马萨诸塞州
剑桥，马萨诸塞大道

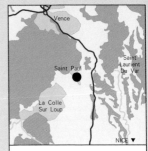

梅特基金会

法国，圣保罗德文斯
舍曼德加地特(Chemin de Gardette)

已婚学生公寓

美国，马萨诸塞州
剑桥，纪念路(Memorial Drive)

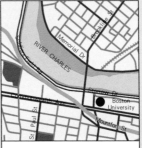

波士顿大学中央校园

美国，马萨诸塞州
波士顿，联邦大道(Commonwealth Avenue)

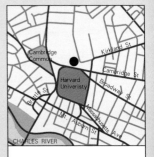

哈佛大学科学中心

美国，马萨诸塞州
剑桥，牛津街

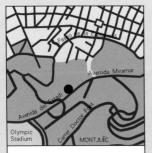

琼·米罗基金会当代艺术研究中心

西班牙，巴塞罗那
埃斯塔迪大道(Avenida del Estadi)

琼·米罗画室

西班牙，马略卡帕尔马
琼德萨里达基斯29号(Joan de Saridakis 29)

作品年表

1931年	复式住宅　西班牙，巴塞罗那，卡莱蒙塔纳(Calle Muntaner)
1934年	罗卡珠宝　西班牙,巴塞罗那,格雷西亚公共大道(Paseo de Gracia)与安东尼奥·博内特(Antonio Bonet)合作
1935年	周末度假屋　西班牙，巴塞罗那，盖拉夫(Garraf)与约瑟夫·托里斯-克拉韦(Josep Torres-Clavé)合作
1935年	中央抗肺结核药房(Central Anti-tuberculosis Dispensary)　西班牙，巴塞罗那，与约瑟夫·托里斯-克拉韦和J·B·叙比拉纳(Subirana)合作
1937年	国际展览会西班牙展览馆　法国，巴黎，与路易·拉卡萨(Lluis Lacasa)合作
1945年	西达德·多斯·莫托斯(Cidade dos Motores)城市规划　巴西　城镇规划联合事务所
1948年	钦博特(Chimbote)新城　秘鲁　城镇规划联合事务所
1949年	塞特住宅　美国，纽约，洛克斯特谷(Locust Valley)
1949年	麦德林(Medellín)城市总体规划　哥伦比亚　城镇规划联合事务所
1951年	波哥大(Bogotá)城市总体规划　哥伦比亚　城镇规划联合事务所
1955-1960年	美国大使馆　伊拉克，巴格达
1956-1958年	哈瓦那试验性城市规划　古巴　城镇规划联合事务所
1958年	塞特住宅　美国，马萨诸塞州，剑桥
1958-1966年	哈佛大学霍利奥克中心　美国，马萨诸塞州，剑桥
1959-1964年	梅特基金会　法国，圣保罗德文斯
1960年	哈佛大学世界宗教研究中心　美国,马萨诸塞州,剑桥　塞特-杰克逊和古尔利联合事务所
1961年	新英格兰煤气与电气委员会办公大楼　美国,马萨诸塞州,剑桥　塞特-杰克逊和古尔利联合事务所
1962-1964年	哈佛大学已婚学生公寓　美国，马萨诸塞州
1963-1966年	波士顿大学中央校园　美国，马萨诸塞州，波士顿
1967年	盖尔夫大学(University of Guelph)　加拿大，安大略湖　塞特-杰克逊及其联合事务所
1967年	卡梅尔德拉派克斯修道院　法国，克卢尼(Cluny)　塞特-杰克逊及其联合事务所
1968-1973年	勒埃斯卡勒帕克房屋　西班牙，巴塞罗那　塞特-杰克逊及其联合事务所
1968年	住宅　西班牙，伊维萨，蓬塔马丁内特　塞特-杰克逊及其联合事务所
1970-1972年	哈佛大学科学中心　美国，马萨诸塞州，剑桥
1971年	大楼办公室　美国，马萨诸塞州，剑桥，德布拉特尔街44号　塞特-杰克逊及其联合事务所
1972年	马丁·路德·金小学　美国，马萨诸塞州，剑桥，塞特-杰克逊及其联合事务所
1973-1976年	河景住宅　美国，纽约，扬克斯　塞特-杰克逊及其联合事务所
1973-1976年	罗斯福岛住宅　美国，纽约　塞特-杰克逊及其联合事务所
1975年	琼·米罗基金会当代艺术研究中心　西班牙，巴塞罗那
1975年	琼·米罗画室　西班牙，马略卡帕尔马
1976年	蓬特加泰罗尼亚(Puerta Catalana)城市规划　西班牙，希罗纳